Sitzungsberichte
der Akademie der Wissenschaften
der DDR
Mathematik – Naturwissenschaften – Technik

8 N
1986

Helmut Koziolek / Rainer Schwarz

Berührungen zwischen Physik und Ökonomie

AKADEMIE-VERLAG · BERLIN

Sitzungsberichte
der Akademie der Wissenschaften
der DDR
Mathematik – Naturwissenschaften – Technik

Jahrgang 1986 · Nr. 8/N

Helmut Koziolek/Rainer Schwarz

Berührungen zwischen Physik und Ökonomie

AKADEMIE-VERLAG · BERLIN
1986

Vortrag von Helmut Koziolek, Ordentliches
Mitglied der Akademie der Wissenschaften
der DDR und Dr. phil. Dr. sc. oec. Rainer Schwarz,
Zentralinstitut für Sozialistische Wirtschafts-
führung beim ZK der SED, im Max von Laue-Kolloquium
der Klasse Physik und des Forschungsbereiches Physik
der AdW der DDR sowie der Sektion Physik der
Humboldt-Universität Berlin am 2. 10. 1985

Herausgegeben im Auftrage
des Präsidenten der Akademie
der Wissenschaften der DDR
von Vizepräsident Prof. Dr. Heinz Stiller

ISBN 3-05-500 025-0
ISSN 0138-3965
Erschienen im Akademie-Verlag, DDR-1086 Berlin, Leipziger Str. 3—4

Lizenznummer: 202 · 100/213/86
Printed in the German Democratic Republic
Gesamtherstellung: VEB Druckhaus Köthen
LSV 0325
Bestellnummer: 763 631 3 (2010/86/8/N)
00300

Die Berührungen zwischen Physik und Ökonomie sind tiefer als mancher meint. Offensichtlich ist vor allem der wichtigste Berührungspunkt: der auslösende Einfluß fundamentaler physikalischer Entdeckungen auf die Produktivkraftentwicklung, die Steigerung der Arbeitsproduktivität in der Wirtschaft und die Herausbildung neuer Wirtschaftszweige. Wachstum und Effektivität solcher Zweige sind oft überdurchschnittlich und sie prägen dann das allgemeine Tempo des Wirtschaftswachstums wesentlich mit. MARX vermerkte dazu bereits 1844: „Die Industrie ist das wirkliche geschichtliche Verhältnis der Natur und daher der Naturwissenschaft zum Menschen ...“[1]. In den „Grundrissen“ schrieb er, daß die Erfindung ein Geschäft „... und die Anwendung der Wissenschaft auf die unmittelbare Produktion selbst ein für sie bestimmender ... Gesichtspunkt“ wird, „... sobald die große Industrie schon höhre Stufe erreicht hat und die sämtlichen Wissenschaften in den Dienst des Kapitals gefangen genommen sind; andrerseits die vorhandne Maschinerie selbst schon große Ressourcen gewährt.“[2]

In der Wechselbeziehung zwischen Ökonomie und Physik besteht zwischen den Ausbeutergesellschaften und der sozialistischen Gesellschaft ein großer Wesensunterschied. Während die Wissenschaft im Dienst des Kapitals die Reichen reicher sowie die Armen und viele Entwicklungsländer ärmer werden läßt, dient die Wissenschaft im Sozialismus wachsender Bedürfnisbefriedigung. Hier geht es — mit MARX' Worten — um die „... Verwandlung des Produktionsprozesses aus dem einfachen Arbeitsprozeß in einen wissenschaftlichen Prozeß, der die Naturgewalten seinem Dienst unterwirft und sie im Dienst der menschlichen Bedürfnisse wirken läßt ...“[3]. Daher ist im Sozialismus der immer engere Zusammenschluß von Wissenschaft und Produktion notwendig. Er vollzieht sich in verschiedenen Formen und die Kombinate haben eine Schlüsselstellung in diesem Prozeß.

Eine Fülle ähnlicher Überlegungen von MARX, ENGELS und LENIN bildet denn auch das theoretische Fundament der ökonomischen Strategie in der DDR. Der übergreifende Schwerpunkt dieser Strategie besteht darin, die Möglichkeiten der wissenschaftlich-technischen Revolution als Hauptreserve für Leistungswachstum und Effektivitätszuwachs voll auszuschöpfen und einen maximalen Zuwachs an ökonomischer Kraft zu gewinnen. Das langfristig stabile Wirtschaftswachstum in der DDR kann nur von der Beschleunigung des wissenschaftlich-technischen Fortschritts getragen werden.[4] „Kennzeichnend für Richtung und Tempo des wissenschaftlich-technischen Fortschritts sind die sogenannten Schlüsseltechnologien. Dazu gehören vor allem die Mikroelektronik, die sich auf ihrer Grundlage entwickelnde Rechentechnik, die automatisierte Konstruktion und Produktionsvorbereitung, flexible automatische Fertigungssysteme, neue Bearbeitungstechnologien, neue Werkstoffe und das ganze Gebiet der Biotechnologie. Auch die Schaffung in sich geschlossener Stoffkreisläufe ... ist hier anzuführen."[5]

Betrachten wir die Hauptrichtungen, auf die zur Verwirklichung der ökonomischen Strategie das Forschungs- und Entwicklungspotential konzentriert wird, so werden vielfältige Auswirkungen physikalischer Erkenntnisse auf unsere Wirtschaft deutlich: rationelle Energieanwendung und -bereitstellung, zunehmende Nutzung der Kernenergie, höchstmögliche Veredlung der Rohstoffe (z.B. hochreine Chemikalien, metallurgische Werkstoffe), Mikroelektronik, Automatisierung von Arbeits- und Informationsprozessen, Lichtleiter- und Lasertechnik, Industrieroboter, Biotechnologie, leistungsfähige Meß- und Prüftechnik.[6]

Selbstverständlich rühren diese Auswirkungen nicht allein von der Physik her, sie entstehen im Zusammenwirken mit anderen Disziplinen wie Chemie, Biowissenschaften, Mathematik, technische Wissenschaften, Informatik und andere. Dennoch ist der fundamentale Beitrag der Physik zur Entstehung wichtiger Zweige der modernen Wirtschaft unumstritten. Das gilt für die Energiewirtschaft, insbesondere die Elektrifizierung und die Kernenergetik, Elektrotechnik und Elektronik, Rundfunk und Fernsehen, Computerindustrie, wissenschaftlicher Gerätebau, Meß- und Prüftechnik, Medizin- und Labortechnik u.a. Auch auf andere Zweige hatte die Physik große ökonomische Auswirkungen, z.B. auf die Metallerzeugung und -verarbeitung. Dadurch wurden wichtige Voraussetzungen für den modernen Maschinenbau, insbesondere den modernen Fahrzeug-, Flugzeug- und Raketenbau, den Leichtbau usw. geschaffen. Diese Beiträge stammen einerseits aus der experimentellen Physik, wie die Pyrometer, die in der Metallurgie großen Nutzen gebracht haben. Vor allem aber haben Ergebnisse physikalischer Grundlagenforschung tiefgreifende Auswirkungen auf die Steigerung der Arbeitsproduktivität. Ohne Anwendung der Thermodynamik sind Verbesserungen der Verbrennungsmotoren und damit der Aufschwung der Automobilindustrie als wichtige Massenproduktion dieses Jahrhunderts undenkbar.

Am eindruckvollsten zeigen sich diese ökonomischen Konsequenzen der Physik in der Geburt und Entwicklung der elektronischen Industrie und der Kernenergetik. 1900 war das Elektron gerade entdeckt, die Existenz des Atoms wurde von bedeutenden Physikern noch ernsthaft bestritten. Heute ist die Mikroelektronik zum wichtigsten Motor für die Effektivitätsentwicklung in allen Wirtschaftszweigen geworden. Sie hat die traditionelle Uhrenherstellung völlig entwertet, wie überhaupt neue wissenschaftlich-technische Erkenntnisse alte Technologien verwerfen können. Die Mikroelektronik ist zum Ausgangspunkt aller wichtigen Wachstumsindustrien der 80er Jahre geworden, die sich durch überdurchschnittliche Effektivität auszeichnen. Der wissenschaftlich-technische Fortschritt führt heute nicht nur zu neuen Industriezweigen, sondern auch zu einer grundlegenden Modernisierung der vorhandenen Industrie, wobei alte und neue Technologien integriert werden und eine neue Struktur der Industrie herausgebildet wird. Dieser Prozeß wird in der Literatur auch als Reindustrialisierung bezeichnet. Er verdeutlicht die umfassenden Auswirkungen der Physik auf die Entwicklung der Produktivkräfte, der Produktionsverhältnisse und die Steigerung der Arbeitsproduktivität.

MAX VON LAUE, den wir heute ehren, steht neben anderen Physikern an jenem bemerkenswerten Kreuzungspunkt verschiedener physikalischer Entwicklungslinien, von dem diese Prozesse der Produktivkraftentwicklung ausgingen. Der Ökonom, der seinen Gegenstand als Austausch von Arbeitstätigkeiten unter konkret-historischen Bedingungen begreift, erblickt auch die Physikentwicklung als Kooperation zahlreicher Physiker. Aus dieser Sicht ist die Kooperation und Kommunikation der Wissenschaftler eine entscheidende Bedingung des wissenschaftlichen Fortschritts. MAX VON LAUE schrieb: „Wie die Geschichte der Völker und Staaten nur größere Ereignisse und Menschen verzeichnet, welche in irgendeinem Sinne etwas bedeuteten, so kann auch die Geschichte der Wissenschaft nur gewisser Höhepunkte der Forschung und derjenigen gedenken, die daran beteiligt waren. Ungenannt bleiben die Tausende, welche sich, seit das 17. Jahrhundert die Physik einmal in Marsch gesetzt hatte, ihr gewidmet haben, vielfach aus reinstem Idealismus, manchmal unter Selbstaufopferung. Ihre Arbeit war aber keineswegs überflüssig oder vergeblich. Nur die stille Mitarbeit dieser Vielen bewältigte die Fülle der notwendigen Beobachtungen und Berechnungen und sicherte die Stetigkeit des Fortschritts, nur die Vielheit der Interessen und Begabungen verhinderte, daß sich die Forschung in wenigen bestimmten Richtungen festrannte; ihr Wirken war und ist unerläßliche Voraussetzung für die Möglichkeit hervorragender oder gar genialer Leistungen. Die Physik ist, wenigstens seit Ende des 17. Jahrhunderts, Gemeinschaftsleistung. Auch dies ist historisches Faktum.“[7]

Zu Recht ist gesagt worden, daß um 1900 innerhalb weniger Jahre die Früchte der Arbeit von Physikern eines ganzen Jahrhunderts reiften. Von FARADAY über MAXWELL führte die Entwicklung zur Entdeckung der elektromagnetischen Wellen durch HERTZ. PLÜCKER entdeckte 1858 die Kathodenstrahlen, GOLDSTEIN 1886 die Kanalstrahlen. HERTZ's Schüler LENARD leitete die Kathodenstrahlen ins Freie, 1895 wurden die Röntgenstrahlen entdeckt. BECQUEREL fand 1896 die Radioaktivität, womit die Entwicklung der Atomphysik eingeleitet wurde. Um 1897 wurde erkannt, daß die Kathodenstrahlen aus Teilchen bestehen, den Elektronen. Diese Entwicklungslinie setzte sich mit der BRAUNschen Elektronenstrahlröhre, Oszillograph, Fernsehröhre, Radartechnik, Datensichtgeräten, Elektronenmikroskop bis hin zum Plasmaschmelzofen unserer Tage fort, die sich vielfach verschlingen mit der Entwicklung von Trioden, Kristalldetektor usw: zu all dem, was die moderne Elektronik prägt.[8]

Auf die Entdeckung des Elektrons folgte der Nachweis, daß die Kanalstrahlteilchen Atome sind. Die korpuskulare Auffassung der Chemie drang in die Physik ein, eingeleitet durch BOLTZMANNS kinetische Gastheorie und markiert mit dem Jahr 1900, in dem PLANCK die Quantentheorie begründete. So bezeugte die Physik selbst die Schöpferkraft, die aus der wachsenden Verflechtung verschiedener Arbeitsgebiete entsteht. Heute erleben wir wiederum eine Erweiterung des physikalischen Weltbildes durch Verbindung von Elementarteilchenphysik und Kosmologie. MAX VON LAUE, der Schüler PLANCKS, hat die Fruchtbarkeit der Vereinigung verschiedener Disziplinen bzw. Entwicklungslinien auf eindrucksvolle Weise demonstriert. Er verfügte über ausgezeichnete Kenntnisse auf den Gebieten der Elektrodynamik, Optik, Quantentheorie, der Röntgenstrahlen und der Mathematik und fügte sie bei seiner Entdeckung der Röntgenstrahlungsinterferenzen an Kristallen mit seinen Kenntnissen der Mineralogie zusammen. Seine vielseitige wissenschaftliche Kommunikations- und Kooperationsfähigkeit hatte er sich im Studium an 4 Universitäten erworben, wo er Vorlesungen bei so bedeutenden Wissenschaftlern wie PLANCK, BRAUN, RÖNTGEN und HILBERT hören konnte. Er vertiefte diese Fähigkeit durch die Arbeit an einem Institut, an dem RÖNTGEN, SOMMERFELD und der Mineraloge PAUL VON GROTH wirkten.[9] Mit dieser Fähigkeit wurde erreicht, „... daß sich zwei bis dahin völlig unabhängige, von verschiedenen Menschen gepflegte physikalische Gedankenkreise — z.B. ... Wellentheorie der Röntgenstrahlen und Atomtheorie der Kristalle ... — unversehens zusammenfinden und *zwanglos* zusammenfügen."[10] Freilich sind solche Neukombinationen nicht schematisch zu erreichen, es gehört dazu die geniale Idee des Wissenschaftlers. BORN hat das schön ausgedrückt: „Wie viel Physiker mögen schon Röntgenstrahlen durch einen Kristall geschickt haben, ohne die Beugungsstrahlen zu bemerken. Es gehörte dazu die Fähigkeit, die Strahlen, ehe sie auf der Platte erschienen, im Geiste zu sehen."[11] BERNAL hat die Wirkung der Leistung LAUES treffend mit üblichem englischen Konjunktiv gewürdigt: „Es war, als ob ein neues Mikroskop erfunden worden wäre, mit dem man die Lage der chemischen Atome erkennen konnte."[12] PLANCK vermerkte schlicht „eine ganz neue Ära der Atomistik".[13] Damit eröffnete LAUE neue, bisher unbekannte Untersuchungsgebiete, wie BRAGG sagte.[14] So differenziert wie die Quellen des Denkens von LAUE waren, so vielseitig waren die Wirkungen seines grundlegenden Experiments. Sie reichen tiefer in die Physik als manchmal wahrgenommen wird. Noch tiefere Wandlungen wurden in anderen Disziplinen ausgelöst, in Chemie, Mineralogie, Metallkunde und Biowissenschaften. Fundamental in ihren Auswirkungen ist die Entdeckung LAUES für die Ökonomie. Vermittelt über Physik und andere Naturwissenschaften, über technische Wissenschaften und Mathematik, vermittelt über die Arbeit vieler anderer Wissenschaftler, erreichen ihre Wirkungen die Wirtschaft seit geraumer Zeit, heute in einem oft atemberaubendem Tempo.

LAUES Röntgeninterferenzen bestätigten zusammen mit WILSONS Nebelkammer endgültig die Existenz der Atome. Er lieferte eine entscheidende experimentelle Grundlage für die Erforschung der Atomstruktur der Materie. Damit gehört er zu den Bahnbrechern der Atomphysik mit ihren bekannten ökonomischen Konsequenzen. Neue Einsichten in den Bau der Atome wurden ermöglicht. Durch ihn wurde die Raumgitterhypothese zu einer experimentell gesicherten Theorie. Damit stellte er die Kristallphysik, deren Traditionslinie er in seiner „Geschichte der Physik" mit KEPLER anheben läßt, auf eine solide theoretische Basis. Er gehört zu den Begründern der heutigen Festkörperphysik, durch die in Gestalt der Mikroelektronik völlig neue Produktivkräfte erschlossen wurden. Wir stehen heute mitten in der dadurch eingeleiteten revolutionären Wandlung der Wirtschaft und können ihr historisches Ausmaß noch lange nicht abschätzen.

Zugleich begründete er mit der Röntgenspektroskopie eine völlig neuartige Untersuchungsmethode der Anordnung der Atome in der anorganischen und der organischen Materie. Allein diese Methode hat die vielfältigsten ökonomisch bedeutsamen Konsequenzen gezeitigt. Sie ist durchaus von jenem Rang, der durch MARX' Wort gewürdigt wird: „Nicht was gemacht wird, sondern wie, mit welchen Arbeitsmitteln gemacht wird, unterscheidet die ökonomischen Epochen."[15] In der Tat ermöglichte sie, die spezielle Atomanordnung jeder Substanz zu bestimmen, die Beziehungen zwischen chemischer Zusammensetzung, Kristallstruktur und physikalischen Eigenschaften aufzudecken und die Stoffe in fundamental neuer Weise zu Arbeitsgegenständen und Arbeitsmitteln der menschlichen Arbeit in der Wirtschaft zu machen. Das gilt nicht nur für Festkörperphysik und Elektronik. Metalle und ihre Legierungen waren von altersher ein zentraler Gegenstand menschlicher Arbeit von größter ökonomischer Bedeutung. Dennoch blieben sie bis in unser Jahrhundert ein rätselhafter Gegenstand, dessen Beeinflussung auf rein empirischer Basis erfolgte. Diese Rätselhaftigkeit kann man sich per analogiam am Beispiel des amorphen Glases verdeutlichen. Bis in die jüngste Zeit wurden mancherorts noch Katzen in die Glaswanne geworfen, um die Glasqualität zu sichern. Dieser kleine Exkurs mag Ihre Aufmerksamkeit auf die für die DDR außerordentlich bedeutsame Glas- und Keramikforschung lenken. LAUE hat den theoretischen Rahmen für die planmäßige Suche nach metallischen Werkstoffen mit ökonomisch effektiven Eigenschaften begründet. Die Kristallstruktur von Legierungen wurde erkannt. Die Röntgenspektroskopie wurde unentbehrlicher Bestandteil metallurgischer Forschung und metallurgischer Industrie. Dennoch ist dieses Gebiet so verwickelt, daß LAVES in einem Aufsatz zur Würdigung des 80. Geburtstages MAX VON LAUES es als Aufgabe zukünftiger theoretischer Forschung ansah, Gesetze für Vorhersagen über Mehrkomponentensysteme zu finden.[16] Es geht um die Klärung des Zusammenhanges von Struktur und Eigenschaften.

Auch auf dem Gebiet der organischen Verbindungen wurden mit der Röntgenspektroskopie beachtliche Erfolge erzielt. Nach 1918 konnte die Anordnung der Atome in der ersten organischen Verbindung, dem Naphtalin, aufgeklärt werden. Es folgten die Strukturen des Penizillins, des Vitamins B_{12}, der Nucleinsäure[17] und 1958 des Myoglobins.[18] LAUES Mitarbeiter WALTER FRIEDRICH widmete sich bald der Anwendung der Röntgenstrahlen in Biologie und Medizin. Sein Institut wurde in den 20er Jahren zum Mittelpunkt biophysikalischer Forschungen in Deutschland; er war 1951 bis 1955 Präsident unserer Akademie der Wissenschaften zu Berlin.

Erst durch die Röntgenspektroskopie wurde festgestellt, daß der kristalline Zustand mit wenigen Ausnahmen der Normalzustand fester Materie ist. Holz sowie Muskel- und Nervenfasern erwiesen in dieser Hinsicht ihre Gemeinsamkeit mit Mineralien und anderen Festkörpern. Selbst zur Bestimmung der Form und Größe einfacher Gasmolekeln ließen sich Röntgen- und Elektroneninterferenzen anwenden.

Aus unserer Wirtschaft sind diese Verfahren nicht mehr wegzudenken. Etwa 150 Geräte der Röntgenfeinstrukturanalyse und fast 100 Geräte für die Röntgenfluoreszenzanalyse werden in der Industrie betrieben. Heute sind diese Geräte weitgehend automatisiert. Beugungsbilder werden ähnlich wie Fingerabdrücke zur Identifikation von Materialien benutzt. Damit sind diese Methoden in unserer Wirtschaft besonders bedeutsam für die Entwicklung neuer Werkstoffe und für die Qualitätskontrolle. Mit der höheren Veredlung der Rohstoffe sowie der Miniaturisierung durch die neuen Schlüsseltechnologien wachsen auch die Ansprüche an die Qualitätskontrolle, insbesondere an die zerstörungsfreie Werkstoffprüfung. 185 Betriebe der chemischen Industrie, des Schwermaschinenbaus, des allgemeinen Maschinenbaus, des Verkehrswesens, des Ministeriums für Kohle und Energie, der Elektrotechnik und Elektronik, des Bauwesens u.a. nutzen neben Gamma-Defektoskopieeinrichtungen die Röntgenbeugungsbilder für die Qualitätskontrolle. Vor allem geht es um das Erkennen von Fehlern an Schweißnähten und in Gußteilen. Das betrifft die Prüfung von Schweißnähten im Rohrleitungs-, Stahl-, Behälter- und Schiffbau; die Prüfung von Gußteilen in Metallurgie und Maschinenbau, von Armierungen im Bauwesen, Prüfungen im Rahmen der Instandhaltung bei der INTERFLUG und in anderen Bereichen des Verkehrswesens. Selbst in die Schuhherstellung haben diese physikalischen Methoden heute Einzug gehalten. Röntgenfluoreszenzanalysen werden verstärkt in der Zement-, Porzellan-, Stahl- und Glasherstellung und in der chemischen Industrie genutzt.[19] Mit der breiten Anwendung dieser Methoden in Wissenschaft und Wirtschaft sind auch die Aufgaben auf dem Gebiet des Strahlenschutzes gewachsen, um das sich WALTER FRIEDRICH in den Anfängen besonders verdient gemacht hat.

LAUES Idee, die Wellenlänge der Röntgenstrahlen mit den Abmessungen des Kristallgitters in Verbindung zu bringen, hat neben der analytischen neuerdings auch eine konstruktive Dimension gewonnen. Mit der Röntgenstrahllithographie will man eine weitere Miniaturisierung der gezielt beeinflußbaren Kristallstrukturen erreichen.[20]

Durch die Arbeit vieler Wissenschaftler wurden im Gefolge von LAUES Entdeckung grundlegende Wandlungen in anderen Disziplinen herbeigeführt. Die Kristallographie bildete sich als neue Forschungsrichtung der Mineralogie heraus. Fundamental war LAUES Einfluß auf das Denken sowie die theoretische Struktur der Chemie und damit auf den Aufschwung der chemischen Industrie in unserem Jahrhundert. Das betrifft nicht nur die Aufklärung der Atomstruktur anorganischer und organischer chemischer Verbindungen. Kurz nach LAUE entdeckte MOSELEY, Schüler RUTHERFORDS, bei der Untersuchung der Röntgenspektren, daß die Kernladungszahl Ordnungsprinzip im Periodensystem der Elemente ist. Damit wurde nicht nur die BOHRsche Atomtheorie bestätigt, erstmalig konnte auch die Anzahl der noch unbekannten Elemente vorausgesagt werden. Bald darauf wurde mittels Röntgenspektroskopie das Hafnium und das Rhenium entdeckt, 1946 wurde das Promethium unter den Uranspaltprodukten nachgewiesen. Die größte ökonomische Bedeutung hat das Rhenium erlangt. Rheniumzusätze verbessern erheblich die Eigenschaften von Legierungen und von heterogen wirkenden Katalysatoren. Letztere sind u.a. für das katalytische Reformieren unentbehrlich, das ökonomisch in Größenordnungen betrieben wird.[21]

Für die Chemie und damit letztlich auch für die Wirtschaft noch grundlegender wurde allerdings im Anschluß an MOSELEY die quantentheoretische Ableitung des MOSELEYschen Gesetzes und die quantentheoretische Deutung des Periodensystems der Elemente durch BOHR, dessen 100. Geburtstag wir in diesem Jahr feiern. Mit dem sich neu entwickelnden Gebiet der Quantenchemie wurde eine tiefe Verbindung zwischen Physik und Chemie hergestellt. Das Gebiet der Chemie erfuhr eine Neuinterpretation mit physikalischen Begriffen. 1927 wurden die chemischen Valenzkräfte durch HEITLER und LONDON auf die Quantenphysik zurückgeführt. Heute ist man in der Lage, mit Großcomputern und komplizierter Software Makromoleküle für die pharmazeutische Industrie quantentheoretisch durchzurechnen. Diese Entwicklung kreuzt sich mit einem weiteren Folgeprodukt der Mikroelektronik, der Computergrafik. 1977 wurde damit erstmals ein blutdrucksenkendes Mittel regelrecht konstruiert. Der Aufbau von Molekülstrukturen wird dreidimensional auf dem Bildschirm realisiert und modifiziert. So kann die Forschungs- und Entwicklungszeit in einer Industrie wesentlich verkürzt werden, in der mittlerweile mehr als 10000 Substanzen zu synthetisieren sind, um empirisch ein neues lohnendes Medikament zu finden.[22]

Über die auf der Atomstruktur beruhende Chemie hat die Physik unser Wissen von der lebenden Materie grundlegend beeinflußt und wesentliche Voraussetzungen für die zielgerichtete gentechnische Verbesserung der Eigenschaften von Mikroorganismen geschaffen. Gegenwärtig entwickelt sich die Biotechnologie zu einer Schlüsseltechnologie der gesamten Volkswirtschaft in den 90er Jahren. Die mikrobiologische Industrie, die seit langem rein empirisch als Bier-, Alkohol- Käse- und Hefeproduktion betrieben wurde, wird auf eine solide wissenschaftliche Basis gestellt. Heute prägen sich vermittels gentechnischer und anderer wissenschaftlicher Methoden neue Zweige aus, die sie zu einer Wachstumsindustrie mit überdurchschnittlicher Effektivität speziell bei der Herstellung von Pharmaka, Spezialchemikalien und Geräten für die Biotechnologie machen. Auch hier trägt die Mikroelektronik zu einer entscheidenden Beschleunigung der Entwicklung bei. Allein die benötigten Gendatenbanken, von denen die weltgrößte heute bereits 3,2 Mio Nukleotidbasen enthält, verdeutlichen das.

Hat die Physik grundlegend zur Entwicklung der Produktivkräfte in der Wirtschaft beigetragen, so gab die Ökonomie ihrerseits in der Geschichte immer auch wesentliche Impulse für die Entwicklung der Naturwissenschaften. Diese Impulse sind geistiger und materieller Art. So schreibt MAX VON LAUE in seiner „Geschichte der Physik": „Am Anfang war die Mechanik. ... Die praktische Bedeutung, welche Hebel, Schraube, Flaschenzug, schiefe Ebene für die Bewältigung schwerer körperlicher Arbeit haben, hat sie ins Leben gerufen. Begriffe wie spezifisches Gewicht oder Schwerpunkt entwickelten die Griechen ...".[23] Der Herausbildung der modernen Physik im 17. Jahrhundert gingen im 15. und 16. Jahrhundert die großen geographischen Entdeckungen, die Entwicklung des Fernhandels, die Verlagerung der ökonomischen Zentren und der damit verbundene Aufschwung des Schiffbaus und des Bergbaus voraus. Die Suche des Seeweges nach Indien war ökonomisch motiviert, um den arabischen und türkischen Zwischenhandel auszuschalten. Die Ausnutzung der ökonomischen Möglichkeiten der großen geographischen Entdeckungen mittels der Schiffahrt verlangte nach tieferem Wissen auf den Gebieten der Astronomie, Mechanik, Pneumatik und Ballistik. Im Gefolge dieser Bedürfnisse entstand die moderne Physik. Die beobachtende Astronomie lebte wieder auf: KOPERNIKUS, KEPLER. GALILEIS Arbeiten wurden durch technische Probleme angeregt und in seinen „Discorsi" heißt es: „Die unerschöpfliche Tätigkeit Eures berühmten Arsenals, Ihr meine Herren Venetianer, scheint mir den Denkern ein weites Feld der Spekulation darzubieten, besonders im Gebiete der Mechanik: da fortwährend Maschinen und Apparate von zahlreichen Künstlern ausgeführt werden, unter welch letzteren sich Männer von umfassender Kenntnis und von bedeutendem Scharfsinn befinden."[24] ENGELS schreibt: „Wenn nach der finstern Nacht des Mittelalters auf einmal die Wissenschaften neu und in ungeahnter Kraft erstehn und mit der Schnelle des Mirakels emporwachsen, so verdankten wir dies Wunder wieder – der Produktion."[25] Für die Gegenwart bemerkt ROMPE zu Recht: „Auch heute noch gibt es weite Gebiete von Wissenschaft und Technik, wo das Primat der Praxis unerschüttert ist, trotz ständiger Bedeutungszunahme der Grundlagenwissenschaft ...".[26] Dieser Aspekt wird noch verstärkt durch die großen Forschungslabors der Industrie, welche auch der Grundlagenforschung neue Richtungen eröffnen.

MARX hat die Beziehung zwischen der Entwicklung und Befriedigung gesellschaftlicher Bedürfnisse und der Entwicklung der Naturwissenschaft deutlich ausgedrückt: „Die Exploration der Erde nach allen Seiten, sowohl um neue brauchbare Gegenstände zu entdecken, wie neue Gebrauchseigenschaften der alten; wie neue Eigenschaften derselben als Rohstoffe usw.; die Entwicklung der Naturwissenschaft daher zu ihrem höchsten Punkt; ebenso die Entdeckung, Schöpfung und Befriedigung neuer aus der Gesellschaft selbst hervorgehender Bedürfnisse; die Kultur aller Eigenschaften des gesellschaftlichen Menschen und Produktion desselben als möglichst Bedürfnisreichen, weil Eigenschafts- und Beziehungsreichen ...".[27]

Die heutigen Bedürfnisse der Wirtschaft haben einen wichtigen Einfluß auf die Forschungsrichtungen der Physik, der anderen Naturwissenschaften und der technischen Wissenschaften. Das Bedürfnis nach schnellerer, flexibler und universeller Verfügbarkeit von Naturkräften, Produkten und Leistungen, die Erhöhung von Qualität und Zuverlässigkeit der Erzeugnisse erfordern tiefere Kenntnisse der Stoffe und Wirkprinzipien. Die für die Intensivierung erforderliche Steigerung des ökonomischen Nutzeffektes und die Senkung des Produktionsverbrauches stimulieren weitere Fortschritte in der Miniaturisierung und auf anderen Gebieten. Die Preisentwicklung bei Energieträgern und die Bedürfnisse der menschlichen Ernährung haben zu einer erheblichen Verstärkung der wissenschaftlichen Anstrengungen auf verschiedenen Gebieten geführt. Die Erfordernisse höherer Veredlung und die stärkere Nutzung einheimischer Rohstoffe haben neue Forschungsthemen ebenso auf die Tagesordnung gesetzt wie das Bedürfnis an ökonomisch effektiven und umweltfreundlichen Technologien, Recycling usw.

Die Automatisierung war zunächst vor allem mit der Massenproduktion verbunden. Heute geht es um die Automatisierung der Produktion von mittleren und Kleinserien sowie der Einzelfertigung sowie um die Automatisierung der verschiedenartigsten Produktionsprozesse. Obzwar die entscheidende Bedingung der Automatisierung, die Elektronik, der physikalischen Grundlagenforschung entspringt, so setzt ihre Anwendung in jedem Fall die tiefere wissenschaftliche Durchdringung des jeweiligen Produktionsprozesses voraus. Auch hier führt das ökonomische Erfordernis der Steigerung der Arbeitsproduktivität mittels Automatisierung zu neuen wissenschaftlichen Fragestellungen.

Eine andere Art von Impulsen der Wirtschaft für die Physik ist materieller Natur. Die Fertigkeiten der Brillenschleifer ermöglichten die Fortschritte der Optik, die Kunst der Glasbläser hatte sich nicht nur FAHRENHEIT angeeignet, um die ersten zuverlässigen Thermometer herzustellen. Der Glasbläser und Mechaniker GEISSLER erzeugte die nach ihm benannte Röhre, mit der PLÜCKER die Kathodenstrahlen entdeckte. Beide stehen am Ursprung jener Traditionslinie, die über LENARD, RÖNTGEN und andere bis auf LAUE und die Elektronik führt. Noch heute weiß manche Sektion Physik die Fähigkeiten eines guten Glasbläsers zu schätzen. Mittlerweile prägen die ökonomischen Potenzen ganzer Industriezweige, des wissenschaftlichen Gerätebaus, der Computerindustrie, der Feinchemie und anderer die materiellen Bedingungen für den beschleunigten Fortschritt der Naturwissenschaft. Zugleich wirken die Leistungen der Naturwissenschaft auf die Entwicklung dieser Zweige besonders intensiv zurück. Auch insgesamt ist die ökonomische Kraft eines Landes für die Entwicklung der Naturwissenschaft bestimmend. So verdoppelten sich nahezu die Aufwendungen der DDR für das Bildungswesen von 5,8 Mrd. M im Jahre 1970 auf 11,1 Mrd. M im Jahre 1983. Die Zahl der Hochschulkader verdoppelte sich im gleichen Zeitraum von 262 000 auf 553 000.[28] Allerdings konnte die Arbeitsproduktivität nicht im gleichen Tempo erhöht werden. Deshalb erfordert die Realisierung der ökonomischen Strategie der SED eine höhere Wirksamkeit unseres gewachsenen geistigen Potentials. Diese Potenzen können durch die stärkere Zusammenarbeit der Wissenschaftler verschiedener Disziplinen und verschiedener Länder, vor allem des RGW, noch besser erschlossen werden.

Die Wechselwirkung zwischen Naturwissenschaft und Ökonomie wird zusehends stärker, was sowohl in der Verwissenschaftlichung der Industrie als auch in der Industrialisierung der Wissenschaft zum Ausdruck kommt. Dabei ist die Industrialisierung der Wissenschaft nicht mit ihrer Bürokratisierung zu verwechseln. Der wissenschaftliche Arbeitsprozeß hat spezifische Seiten, z. B. ist die schöpferische Suche nach Neuem wesensbestimmend. Daraus ergeben sich Besonderheiten im Vergleich zum industriellen Fertigungsprozeß. Die Produktion einer neuen, noch unbekannten Erkenntnis und die wiederholte Produktion eines genau bekannten Gebrauchswertes nach einer exakten Zeichnung oder einer anderen Vorschrift verlangen ein verschiedenartiges Herangehen.

Die Industrialisierung der Wissenschaft ist vor allem durch zwei Prozesse gekennzeichnet. Der erste ist die Herausbildung von Wissenschaftsbetrieben und von Forschungslabors in der Industrie. Dieser Prozeß ist noch lange nicht abgeschlossen. Er setzte mit der Gründung der feinmechanischen Werkstatt durch CARL ZEISS im Jahre 1847 ein. Die Erfordernisse der Kapitalverwertung führten dann zur Einrichtung von Forschungslabors in der chemischen Industrie des imperialistischen Deutschlands. Um 1911 finanzierte die deutsche Industrie die Institute der ehemaligen Kaiser-Wilhelm-Gesellschaft. Aus diesen Instituten gingen bedeutende wissenschaftliche Ergebnisse hervor. Wichtige physikalische Entdeckungen wie der Transistor wurden in Forschungslabors der Industrie gemacht. GUSTAV HERTZ z.B. hat die Hälfte seiner wissenschaftlichen Tätigkeit in Laboratorien der Industrie verbracht. Er sagte, daß der Wechsel zwischen Hochschule und Technik außerordentlich ergiebig für ihn gewesen ist. Denn: „Vieles lernt man wirklich nur in der Praxis."[29] Diesem HERTZ'schen Sinne entspricht auch der Hinweis der 10. Tagung des ZK der SED auf „... neue Maßstäbe für die Forschungskooperation zwischen den Kombinaten, den Einrichtungen der Akademie, den Universitäten und Hochschulen, die sich an ökonomischen Gesichtspunkten orientiert."[30]

Der zweite Prozeß ist die Herausbildung der Kooperation im modernen Forschungsbetrieb. Die Revolution in der Physik zu Beginn unseres Jahrhunderts wurde von individuellen Leistungen getragen. Die experimentellen Anordnungen waren klein, nicht teuer, und konnten mit primitiven Mitteln und großem Erfindungsgeist oft selbst zusammengebastelt werden. Die Physiker arbeiteten zumeist in Universitätslabors mit geringen Beziehungen zur Industrie. Später konzentrierten sich diese Labors auf die Grundlagenforschung. Sie hatten enge Kontakte zur angewandten Forschung in den Forschungslabors der Industrie. Die Physiker forschten jetzt in größeren Arbeitsgruppen. Sie verwendeten zunehmend teuerere Geräte, die aus der wachsenden Industrie des wissenschaftlichen Gerätebaues kamen. Die finanziellen Aufwendungen physikalischer Experimente stiegen beträchtlich.[31] Heute stehen den Physikern große Forschungszentren wie in Dubna zur Verfügung. Die Apparaturen der Hochenergiephysik haben ein Ausmaß, das den Flächen- und Gebäudebedarf einer Fabrik erfordert. Sie verursachen entsprechend große Investitionsaufwendungen und Betriebskosten. Der Finanzbedarf für Hochenergiephysik, Kosmosforschung und andere Gebiete ist so groß, daß er nur durch die ökonomische Kraft mehrerer mittlerer Industrienationen gedeckt werden kann. Wichtige physikalische Entdeckungen entstehen im Ergebnis der Forschungskooperation von Wissenschaftlern mehrerer Länder. Im Zuge dieser Entwicklung wurden auch Leitungsmethoden und Organisationsformen der Industrie in die Physik übernommen. Das reibungslose Zusammenspiel der zahlreichen gerätetechnischen Komponenten setzt Konstruktionsarbeiten wie in der Industrie voraus. Planung, Bau, Betrieb und Instandhaltung der Apparaturen werden durch zahlreiche Spezialisten verschiedenster Gebiete abgesichert, deren Arbeitsteilung und Kooperation einer exakten Koordinierung bedarf. Die Planung der Experimente erfolgt häufig langfristig. Zum Zwecke der optimalen Versuchsplanung ist eigens ein spezielles Wissenschaftsgebiet entstanden, die statistische Versuchsplanung. Die Auswertung der umfangreichen Versuchsdaten und zusehends auch die Kontrolle der Variablen sowie die Steuerung des Versuchsablaufes erfordern den Einsatz modernster Informationsverarbeitungstechnologien, wie die Wirtschaft auch.

Noch bedeutsamer ist eine effektive Forschungsplanung auf volkswirtschaftlicher Ebene.[32] Von ihr hängt der optimale Einsatz des gesamten geistigen Potentials ab.

Insbesondere kommt es darauf an, Innovationsprozesse in der Volkswirtschaft komplex über die verschiedensten Stufen zu beherrschen. „Die wissenschaftlich-technischen Aufgaben und die Vorbereitung der entsprechenden Investitionsmaßnahmen sind von vornherein als einheitlicher Prozeß zu planen, zu leiten und abzurechnen. Das beginnt mit der konkreten Planung der Projekte auf volkswirtschaftlicher Ebene.“[33] Die Glieder in der Kette Grundlagenforschung, angewandte Forschung, technische Entwicklung, Konstruktion, Investition, Produktion und Absatz müssen sorgfältig miteinander abgestimmt werden, damit ein wissenschaftliches Ergebnis auch ökonomisch mit Effekt realisiert werden kann. Man bedenke, daß dabei der Forschungsaufwand oft 5–10% des Gesamtaufwandes beträgt. Das gilt auch im Kombinat.

Grundlegende Neuerungen in Wissenschaft und Technik wirken sich auf die gesamte Volkswirtschaft aus. Beispielsweise verändert die ökonomische Verwertung der Mikroelektronik das Antlitz vieler Zweige, zugleich setzt sie Zulieferungen höchster Qualität aus verschiedenen Zweigen voraus. Immer mehr bedingen die Beschleunigung des wissenschaftlich-technischen Fortschritts und das Gesamtniveau der Wirtschaft in allen Bereichen einander (z. B. Entdeckung des Quanten-HALL-Effektes).

Die Beherrschung dieser Komplexität stellt hohe Ansprüche an die Methoden der Leitung, Planung, wirtschaftlichen Rechnungsführung und ökonomischen Stimulierung; an ihrer Vervollkommnung mitzuwirken ist stets eine wichtige Forschungsaufgabe der Wirtschaftswissenschaftler. Speziell die Systemanalyse einschließlich mathematischer Methoden ist bereits für die Bearbeitung komplexer Planungsprobleme in der Wirtschaft eingesetzt worden. Ihre Anwendung bedarf jedoch verstärkter Aufmerksamkeit, zugleich wird mit moderner Rechentechnik eine effektivere Nutzung dieser Methoden ermöglicht.

In der Forschungsplanung berühren sich Physik und Ökonomie, wobei Widersprüche nicht auszuschließen sind. Während die Arbeit des Naturwissenschaftlers und des Ingenieurs zu neuen Produkten und Verfahren führt, muß der Ökonom mit seiner Arbeit alternative Produkte und Verfahren nach ihrer ökonomischen Effektivität bewerten und Leitungsentscheidungen im Rahmen des gesellschaftlichen Umfeldes vorbereiten. Bei begrenztem Gesamtpotential bedeutet die Entscheidung für ein Forschungsthema, ein Verfahren oder Produkt immer zugleich den Ausschluß anderer Möglichkeiten. Gehen die einen an die Entscheidungsvorbereitung aus naturwissenschaftlich-technischer Sicht heran, so vertritt der Wirtschaftswissenschaftler die sozialökonomische Sicht, d.h. die Prioritäten der Bedürfnisbefriedigung und den effektivsten Einsatz des gesellschaftlichen Arbeitsvermögens bzw. der Ressourcen usw. Beispielsweise ist die Frage, ob Wohnungen oder Autos und Straßen vorrangig gebaut werden, eine Frage der gesellschaftlich-ökonomischen Bestimmung. Das ist keine Frage der Physik. Auf die Frage jedoch, welche Gebrauchswertparameter Wohnungen und Autos haben und mit welchen Technologien sie gefertigt werden, haben technische und Naturwissenschaften maßgeblichen Einfluß.

Allgemein besteht die Verantwortung des Ökonomen in der Herausarbeitung und Berechnung maximaler Effektivität, d.h. des besten Verhältnisses von Ergebnis und Aufwand. Es geht also um die Bestimmung und Bewertung von Bedürfnissen, Bedarf und gesellschaftlichem Nutzeffekt einerseits, von Aufwand an lebendiger und vergegenständlichter Arbeit sowie an Naturressourcen und weiteren Ressourcen andererseits. Diese Tätigkeit des Ökonomen ist zunächst qualitativer, dann quantitativer Natur.

So kann ein Verfahren nach technischen Kriterien eine brilliante Lösung darstellen, ökonomisch aber nur mit Verlust arbeiten. Angesichts der ökonomischen Dynamik, wie sie z.B. in den Weltmarktpreisen erscheint, kann ein technisch-ökonomisch zunächst optimales Verfahren später ökonomisch vollkommen entwertet werden. Zum Beispiel wird die ökonomische Effektivität der Herstellung von Eiweiß aus Erdöl nicht nur von der Güte des technischen Verfahrens, sondern vor allem vom Verhältnis des Preises des eingesetzten Erdöls zum Preis des hergestellten Eiweißes bestimmt. Die Komplexität der Faktoren wird von den neueren Disziplinen der Systemtechnik bzw. der Systemverfahrenstechnik berücksichtigt.

Dabei wird nicht mehr nur nach technischen, sondern auch nach ökonomischen und anderen Kriterien über die Güte eines technischen Systems entschieden. Eine ähnliche Betrachtungsweise ist auch für die Systemforschung bzw. angewandte Systemanalyse charakteristisch.

Diese Dualität zwischen Naturwissenschaftlich-Technischem und Ökonomischem gründet sich prinzipiell auf die Dualität zwischen Gebrauchswert und Wert von Arbeitsprodukten. Die Lösung potentieller Widersprüche verlangt den Variantenvergleich und die Gesamtbewertung nach mehreren Kriterien: naturwissenschaftliche, technische, ökonomische, politische, soziale und ökologische. Zugleich setzt das ein besseres gegenseitiges Verstehen der Wissenschaftler verschiedener Disziplinen und die Entwicklung der interdisziplinären Zusammenarbeit voraus. Von Planck können wir hier jene Achtung vor anderen Wissenschaften lernen, die seiner Antrittsrede an der Akademie zu entnehmen ist. Das ist eine Grundbedingung interdisziplinärer Zusammenarbeit. Im Interesse einer solchen komplexen Bewertung wurden z.B. zwischen unserem Institut und dem Forschungsinstitut für Aufbereitung der Akademie interdisziplinäre Arbeitskontakte aufgenommen, um das auf dem Computer des ZSW verfügbare Dialogprogramm für die Bewertung technologischer Varianten der Rohstoffaufbereitung und -verarbeitung zu nutzen.

Enge Berührungspunkte zwischen Physik und Ökonomie gibt es auch in der Wissenschaftsorganisation, wobei die nachhaltige Förderung von Kreativität ein Schwerpunkt ist. Physik und Wirtschaftswissenschaft stehen hier vor der gleichen Problematik. Angefangen von den Arbeiten Ostwalds bis hin zu den Gedanken Kapizas und den Überlegungen führender Naturwissenschaftler der DDR verfolgen die Ökonomen sehr genau die gesammelten Erfahrungen und die aufgeworfenen Probleme. Sie bemühen sich, daraus und aus den Erfahrungen unserer Kombinate wissenschaftlich begründete Schlußfolgerungen für Leitung und Planung zu ziehen, um die Bedingungen für wissenschaftliches Schöpfertum mit ihren Mitteln zu verbessern. Einige der Probleme sind mit der gewachsenen Vergesellschaftung bzw. Kooperation in großen Wissenschaftlerkollektiven neu entstanden, andere sind relativ alt und treten immer wieder auf. Es ist interessant zu lesen, daß der ansonsten weitsichtige Physiker Sommer-

FELD als Institutsdirektor seinem 28-jährigen Mitarbeiter FRIEDRICH verbot, das entscheidende Experiment für MAX VON LAUE durchzuführen.[34] Er hatte jedoch nicht mit der Begeisterungsfähigkeit und dem Widerspruchsgeist der Jugend gerechnet. FRIEDRICH führte das Experiment heimlich in den späten Abendstunden nach der Arbeitszeit durch. Von diesem Holz sind Wissenschaftler geschnitzt, die innerlich brennen, motiviert sind, und bei denen nicht um Fünf – wie man sagt – der Hammer fällt. Im Abwägen zwischen Erziehung zur Disziplin und Erfolg versagte sich SOMMERFELD nicht dem Erfolg. Die Wissenschaftsgeschichte liefert uns hier ein lehrreiches Beispiel der Größe des Direktors und des Mitarbeiters in ihrer Widersprüchlichkeit. Allerdings liegt die Problematik heute etwas tiefer, worauf ALBRING hingewiesen hat. Er stellt zunächst fest, daß die eigentlichen Forschungen vornehmlich von jungen Wissenschaftlern geliefert werden. Untersuchungen an unserem Institut bestätigen das. Das gilt nicht nur für berühmte Wissenschaftler. Auch in unseren Kombinaten hat es sich bewährt, anspruchsvolle Aufgaben an Jugendforscherkollektive zu übertragen. Bei erfolgreichen Wissenschaftlern in leitenden Stellungen sah ALBRING 1967 so große und umfangreiche Verwaltungsarbeiten, daß die Quelle schöpferischer Arbeit verstopft wird.[35] Um dieser Besorgnis entgegenzuwirken, müssen Planmäßigkeit und Schöpfertum in hoher Wirksamkeit miteinander verbunden werden.

Einige vermerken gern, daß große Ideen in Kaffeehäusern, beim Wandern über Berge usw. geboren wurden. Sie verweisen auf die hitzigen Diskussionen physikalischer Tagesfragen im Münchener Café Lutz um 1910, als MAX VON LAUE in München arbeitete.[36] Sicher hat die freie Hingabe an Spekulation und Phantasie bei diesen unbeschwerten Diskussionen viel zur Erziehung der damaligen Physikergeneration beigetragen. Große wissenschaftliche Ideen und Leistungen haben hier eine Wurzel. Beispielsweise entstand an diesem Ort der Vorschlag, LAUES Idee experimentell zu überprüfen.[37] Aber man vergißt ebenso gern, daß diesen Ideen ein unerhörtes Pensum an Fleiß zugrunde lag, wie es auch für MAX VON LAUE charakteristisch war. Überhaupt können junge Natur- und Gesellschaftswissenschaftler aus Biographien bedeutender Wissenschaftler viel über die Normen wissenschaftlichen Verhaltens und den spezifischen Berufsethos eines Wissenschaftlers lernen.

Neben den tiefen Berührungen und engen Wechselbeziehungen, die Physik und Ökonomie in der Produktivkraftentwicklung und der Wirtschaft haben und über die gemeinsam berührenden Fragen der Wissenschaftsorganisation hinaus gibt es auch wichtige Berührungspunkte in der wissenschaftlichen Methodologie. Für die vorn erwähnte Bewertungs- und Entscheidungsproblematik und die Entwicklung interdisziplinärer Zusammenarbeit zwischen Naturwissenschaftlern und Ökonomen ist besonders bedeutsam, was ALBRING einmal im Hinblick auf die Zusammenarbeit mit Mathematikern und Ingenieuren geschrieben hat: „Das gegenseitige Verstehen und Beurteilen ist erschwert, weil nur wenig Einblick in die Problematik und Methodik des anderen genommen wird.“[38] Im Hinblick auf die Ökonomie trifft man gelegentlich auf eklatante Vorurteile, die bekanntlich immer eine bequeme Denkfaulheit ermöglichen. Mangelnde Exaktheit, unscharfe Begriffe, ungenügende Mathematisierung, dehnbare Maßstäbe, fehlende Axiomatik bzw. formallogische Ausbildung der Theorien und dergleichen werden genannt. Diese Argumente verstellen einen tieferen Einblick in Gemeinsamkeiten und Spezifik von Physik und Ökonomie.

Ein Spezifikum der Ökonomie liegt in der dominierenden Historizität ihres Gegenstandes. Während die Gegenstände der Physik häufig Millionen und Milliarden Jahre alt sind, ist der Gegenstand der politischen Ökonomie des Sozialismus knapp 70 Jahre alt. Zwar kennt auch die Physik Entwicklungsprozesse, doch sind die meisten ihrer Gegenstände relativ beständig und in ihren Eigenschaften gut reproduzierbar. Für die sozialistische Wirtschaft ist eine fortlaufende qualitative Entwicklung charakteristisch. Hinzu kommt die enorme Zahl und Vielfalt der miteinander verbundenen Komponenten unserer Volkswirtschaft. In ihr arbeiten über 8 Millionen Menschen mit unterschiedlichen individuellen Eigenschaften und Interessen. Der Zentrale Artikelkatalog verzeichnet etwa 20 Millionen unterschiedliche Erzeugnisse. Die theoretische Durchdringung eines so komplexen Systems stellt spezifische Anforderungen an die Wirtschaftswissenschaft. Selbstverständlich beeinflußt ein solcher Gegenstand die Begriffsbildung, das Zählen und Messen usw. Auch die Physik kennt die Schwierigkeit der Bearbeitung von Mehrkörperproblemen und der theoretischen Behandlung von Mehrkomponentensystemen, beispielsweise von Realkristallen. Bei der exakten quantenmechanischen Durchrechnung von Realkristallen und Makromolekülen konnte erst mit Hilfe der modernen Rechentechnik ein Durchbruch erzielt werden. Ein Realkristall ist zweifellos einfacher als eine reale Wirtschaft.

Rompe und Treder stellen die einfachen, linearisierten Ergebnisse der Lehrbuchphysik dem „Urwald von miteinander verflochtenen Wechselbeziehungen" in der Realität gegenüber: „Aus der Komplexität der realen Zusammenhänge entspringen Verhaltensweisen, die nur sehr bedingt mit unserer vereinfachten Physik beherrscht werden können. Wir sehen vor uns noch viele ungelöste Probleme; der Ozean des Unbekannten ist, nachdem wir am Rande hineingewatet sind, nur noch ausgedehnter und abgründiger geworden."[39] Hinsichtlich der ungelösten Probleme kann sich der Ökonom der Bescheidenheit des Physikers anschließen, wenn auch in anderer Lage: Der Ökonom bewegt sich mitten im Ozean der Realität. Er hat es immer mit der qualitativen Entwicklung von Produktivkräften und Produktionsverhältnissen und einer großen Vielfalt realer Wechselbeziehungen zu tun.

Von der physikalischen Messung, Theorienbildung und Mathematisierung können viele andere Wissenschaften wertvolle Anregungen gewinnen. Viele große Ökonomen haben sich mit der physikalischen Methodologie beschäftigt und sich über ihre schöpferische Auswertung angesichts der komplizierteren ökonomischen Realität Gedanken gemacht. Vor allem Marx begründet hier eine wichtige Tradition, die angesichts der methodologischen Diskussionen und Fortschritte in der Physik während der letzten 100 Jahre für die heutige ökonomische Theorienbildung vertieft fruchtbar gemacht werden kann. Er schreibt bei der Angabe seiner Methode im Vorwort zur ersten Auflage des „Kapital": „Der Physiker beobachtet Naturprozesse entweder dort, wo sie in der prägnantesten Form und von störenden Einflüssen mindest getrübt erscheinen, oder, wo möglich, macht er Experimente unter Bedingungen, welche den reinen Vorgang des Prozesses sichern."[40] Die methodologische Gemeinsamkeit von Physik und Ökonomie besteht für MARX in der Untersuchung des Gegenstandes in möglichst reiner Form oder – wie Physiker heute auch sagen – unter wohldefinierten und exakt kontrollierten Versuchsbedingungen. Aus dieser Sicht wählt MARX zum einen England als empirischen Gegenstand der theoretischen Analyse. Zum anderen sieht er klar die Spezifik des ökonomischen Gegenstandes. Sie erfordert, daß die Abstraktionskraft das Mikroskop und chemische Reagentien ersetzen muß.[41] Die Physik vereinfacht die objektive Realität durch Beschränkung auf bestimmte Zusammenhänge (worauf ROMPE und TREDER hinweisen) und durch die Konstruktion von Begriffen und theoretischen Annahmen (was z.B. EINSTEIN betont und was auch die Logik im „Kapital" bestimmt); zugleich realisiert sie diese Vereinfachungen („wo möglich") praktisch in experimentellen Versuchsanordnungen, sie konstruiert Realität.

Um messen zu können, hat sich die Physik zunächst mit relativ einfachen Systemen beschäftigt, bei denen wenige auftretende Variable exakt unter experimenteller Kontrolle gehalten werden konnten. Um die Mathematik auf physikalische Erscheinungen anzuwenden, hat sie ihre Untersuchungen auf meßbare Qualitäten beschränkt. Wetter und Meer waren zwar auch physikalische Erscheinungen, und sie hatten für die Menschen vergangener Jahrhunderte vielleicht lebenswichtigere ökonomische Konsequenzen als für uns. Doch hat ihre physikalische Durchdringung erst in unserem Jahrhundert bemerkenswerte Fortschritte mit einer Rechentechnik gemacht, die die Lösung komplizierter Differentialgleichungssysteme ermöglichte. Einen solchen säkularen Verzicht kann sich die Ökonomie nicht leisten. Von ihr werden aktuelle, wenn auch approximative Antworten auf die dringendsten ökonomischen Probleme erwartet.

Daher verwendet sie als Mittel des theoretischen Denkens neben sehr exakt definierten Begriffen auch unscharfe Begriffe, mit denen graduell differenzierte Merkmale zusammengefaßt und die reale Vielfalt reduziert werden kann. Gerade wegen der Notwendigkeit dieser unscharfen Begriffe muß sie sich sehr wohl von der unfruchtbaren Phrase abgrenzen. Auf Grund der Notwendigkeit unscharfer Begriffe hat sich die mathematische Theorie der unscharfen Mengen entwickelt, die unter anderem in der chemischen Systemverfahrenstechnik Bedeutung erlangt. Aber sind nicht auch naturwissenschaftliche Begriffe wie „Wind" unscharf? Geht der Fortschritt der Physik nicht auch wie der der Ökonomie mit einer Begriffspräzisierung einher? In den physikalischen Lehrbüchern zwar nicht, wohl aber in den physikalischen Originalarbeiten vor allem relativ neuer Gebiete spürt man sehr wohl das Ringen um schärfere Begriffe. Auch die Ökonomie vermag unscharfe Begriffe genau zu spezifizieren, falls das Forschungsziel dies gebietet, und natürlich vermittelt durch Meinungsstreit und durch das Absterben der Träger alter Auffassungen im PLANCK'schen Sinne.

Vorurteilsfreie Physiker haben bemerkt, daß von allen Gesellschaftswissenschaften die Ökonomie der Physik am nächsten kommt. In der Physik andererseits kommt unseres Wissens die Physik der Atmosphäre und des Klimasystems von der Komplexität des Gegenstandes her der Ökonomie am nächsten. Übrigens gilt das auch für die Intensität der bei Wettervorhersagen und ökonomischen Vorhersagen artikulierten menschlichen Interessen. Hier wiederum kann man bei der makroökonomischen

Modellierung nicht nur Berührungen, sondern sogar methodologische Gemeinsamkeiten mit der physikalisch-mathematischen Modellierung des Klimasystems wahrnehmen. Auch die Modellierung laminarer und turbulenter Strömungen durch Differentialgleichungssysteme weist solche Ähnlichkeiten auf. Die im Klimasystem zusammenwirkenden Faktoren sind so vielgestaltig, daß die Zusammenhänge gegenwärtig erst in groben Umrissen beschrieben werden können. Die zu berücksichtigenden Daten erreichen eine Größenordnung wie in der Ökonomie. Die Zuverlässigkeit von Wettervorhersagen bis zu 36 Stunden hat heute etwa 85% erreicht.[42] Von unserem Institut und der Hochschule für Ökonomie wurde kürzlich ein Programmpaket für die makroökonomische Modellierung erarbeitet, das die Simulation des volkswirtschaftlichen Reproduktionsprozesses und Modellexperimente für einen längeren Zeitraum ermöglicht.[43] Die kurzfristigen Vorausberechnungen von Hauptkennziffern (wie z.B. der Investitionen) liegen dabei in der Regel innerhalb der Fehlergrenzen unserer statistischen Abrechnung für die tatsächliche Entwicklung dieser Kennziffern. Für die Berechnung wird ein nicht-lineares Differentialgleichungssystem verwendet. Um die volkswirtschaftlichen Hauptkennziffern für ein Jahr in Übereinstimmung zu bringen, müssen nach einem iterativen Verfahren etwa 1000 Gleichungen berechnet werden, bei einer Simulation der volkswirtschaftlichen Entwicklung über 20 Jahre also 20000 Gleichungen. Zwar ist dieses Modellsystem von einer bisher nicht erreichten Komplexität der widergespiegelten volkswirtschaftlichen Dynamik, doch ist es für die reale Volkswirtschaft noch relativ grob. Die Einbeziehung auch nur der wichtigsten Reproduktionskomplexe bzw. Volkswirtschaftszweige erfordert eine immense Arbeit und führt methodologisch auf komplizierte nichtlineare Probleme und Optimierungsaufgaben. Dabei ist das nur ein kleiner Teil der ökonomisch-mathematischen Berechnungen, die in der Wirtschaft bewältigt werden müssen.[44] Darüber hinaus ist es ein noch kleinerer Teil der Probleme, die von der wirtschaftswissenschaftlichen Forschung bei der Verwirklichung der ökonomischen Strategie in der DDR bearbeitet werden müssen.[45]

Wenn nun der Ökonom auch kompliziertere mathematische Methoden für seine Berechnungen einsetzt, so wird er gern vom Physiker und anderen hinterfragt, ob denn die verwendeten Zahlen auf genauen Messungen beruhen. Diese Frage führt uns auf die Problematik des Zählens und Messens, die schon HELMHOLTZ[46] und andere Wissenschaftler beschäftigt hat und zu der neuerdings ROMPE und TREDER[47] Überlegungen vorgetragen haben. In dieser Frage gibt es zwischen Physik und Ökonomie eine große Gemeinsamkeit und gleichermaßen lebhaftes Interesse. Insbesondere kann die Ökonomie hier die reichhaltigen Erfahrungen der Physik auswerten. Allerdings stellt die Spezifik ihres Gegenstandes an die Ökonomie etwas andere Anforderungen. Der nicht unbekannte Physiker PIERCE bemerkte für die Situation zu Beginn des Jahrhunderts, daß ein erfahrener Experimentator weiß: Die präzisesten Messungen von Massen oder Entfernungen liegen wesentlich unter der Genauigkeit von Bankberechnungen.[48] In der Tat kann sich ein Buchhalter, dem in einer Kasse von 10000 Mark 10 Mark fehlen, nicht darauf berufen, daß die Fehlergrenze bei 0,1% liegt. Selbst bei einem Manko von 1 Pfennig in einer wesentlich größeren Kasse muß er sich erklären und sein Gewissen plagt ihn. Diese Gewissensbisse sind in die Literatur eingegangen, ein Berufsethos des Ökonomen liegt ihnen zugrunde.

Leider kann diese Genauigkeit nicht für die gesamte Ökonomie behauptet werden. Betrachten wir daher noch etwas genauer die Problematik des Zählens und Messens in der Ökonomie und die Berührungen mit der Physik. Zählen und Messen war schon relativ früh in der Menschheitsgeschichte eine wesentliche Funktionsbedingung des äquivalenten Tausches, also etwa seit dem Tausch des Mehrproduktes über die Grenzen der Gemeinwesen hinaus. Bei den alten Germanen wurde die Größe eines Morgens nach der Arbeit eines Tages bemessen und hieß daher auch Tagewerk, Mannskraft, Mannshauet u.ä.[49] An ökonomische Ursprünge erinnert noch das Wort „Tonne" als Maßeinheit der Gewichtsbestimmung. Auch der Gebrauch von Gold und Silber als Geld bei Tauschprozessen hat eine wesentliche Verfeinerung der Wägetechnik stimuliert. Heute arbeitet die Ökonomie neben Währungseinheiten vor allem mit folgenden Maßeinheiten: Tonne, Kubikmeter, Hektoliter, Quadratmeter, Stück bzw. Anzahl.[50] Aus ersteren leiten sich die Wertkennziffern, aus letzteren die Naturalkennziffern der Ökonomie ab. Hinzu kommen Zeiteinheiten, auf die beide Gruppen von Kennziffern bezogen werden. Nun machen manche die verschiedenen Größenarten zum ressortmäßigen Besitz wohl abgegrenzter Wissenschaftsdisziplinen. Hiernach hat die Ökonomie nur eine eigene spezifische Größenart hervorgebracht: Wert bzw. Preis. An der Veränderlichkeit des Wertmaßstabes glaubt man dann nach dieser Logik die Gummiartigkeit der Ökonomie dingfest zu machen. Allerdings dürfte ein solches Denken in wissenschaftlichen „Waffengattungen" geistig nicht sehr produktiv sein. Für die wissenschaftliche Erfassung von Bereichen der Realität ist schließlich nicht die Priorität der Bildung von Größenarten, sondern die Art und Weise ihrer Verwendung in den verschiedenen Wissenschaftsdisziplinen bestimmend. Im Hinblick auf die Größenarten gibt es enge methodologische Berührungen zwischen Physik und Ökonomie. Dem historischen Einfluß der Ökonomie auf die Herausbildung physikalischer Größenarten soll hier nicht nicht weiter nachgegangen werden. Wichtig ist heute, daß in der Ökonomie auch physikalische Größenarten verwendet werden.

Nahezu methodologische Verwandtschaft zwischen Physik und Ökonomie gibt es bei den sogenannten Zählgrößen. Die Frage, inwiefern das Zählen historisch und bei einer Einzelmessung vor dem Messen kommt, ist in der Literatur diskutiert worden.[51] Hier soll betont werden, daß sowohl der Physiker als auch der Ökonom bei der theoretischen Beschreibung Zählgrößen neben Meßgrößen integrativ verwendet. Zählt der Physiker die Anzahl der Schwingungen pro Zeiteinheit und hat die für die Elektrotechnik/Elektronik wichtige Maßeinheit nach HERTZ benannt, so zählt der Ökonom die Anzahl der pro Zeiteinheit produzierten Personenkraftwagen und vieler anderer Produkte. Ein prinzipieller methodologischer Unterschied ist zwischen Physik und Ökonomie beim Zählen nicht erkennbar.[52] Auch die zum Zählen verwendeten Geräte sind nicht selten identisch. Der wichtigste Unterschied zwischen Physik und Ökonomie besteht in der Menge der zu zählenden Sachverhalte. Selbst wenn Prioritäts- und Ressortfanatiker zögern sollten zu sagen, ob die Zweierschrittzahl, das bit, und das Mol zur Physik zugehörig sei, gibt es in der Physik weitere Zählgrößen oder mit ihnen kombinierte Größen und entsprechende Maßeinheiten: Drehzahl, Halbwertszeit und die vielen Teilchenzahlen, ohne welche die Kern- und die Elementarteilchenphysik undenkbar sind. Ein Vorzug der Physik ist, daß die Menge solcher Größen einigermaßen überschaubar ist. Die Schwierigkeit und das Spezifikum der Ökonomie beim Zählen haben ihre Wurzel zunächst vor allem darin, daß z.B. im Zentralen Artikelkatalog der DDR etwa 20 Millionen unterschiedliche Erzeugnisse erfaßt sind. Die hergestellten Erzeugnisse müssen exakt gezählt werden, jährlich, monatlich, täglich, manche stündlich. Unvorstellbar viel muß in der Wirtschaft gezählt werden. Hinzu kommt, daß die Zahlen aller produzierten Erzeugnisse in exakten Proportionen stehen müssen. Ansonsten stockt die Produktion. Allein dieses Verflechtungsproblem ist so kompliziert, daß bereits die Bilanzierung von etwa 6000 Erzeugnissen und aggregierten Erzeugnisgruppen auf zentraler Ebene einen großen Arbeitsaufwand erfordert. Viele Erzeugnisse setzen sich aus über 1000 Einzelteilen zusammen, von denen jedes in ganz bestimmten Zahlen zu fertigen ist. Ein mittlerer Betrieb des Maschinenbaus hat 40000 bis 100000 Stücklisten ständig auf aktuellem Stand zu halten. Mit CAD/CAM entsteht uns hier ein neuartiges Mittel, um derartige Problemgrößen mit viel höherer Effektivität bearbeiten zu können.

Bei der relativ zur Ökonomie geringeren Fülle des zu zählenden Materials kann die Physik in manchen Fällen einen hohen Aufwand betreiben, um eine erstaunliche Zählgenauigkeit zu erreichen. So können moderne Laser-Luftpartikelzähler ein Teilchen der Größe von 0,09 Mikron in Luftmengen von 90 Milliliter pro Minute feststellen.[53] Zweifellos sind derartige Geräte für das Zählen viel komplizierter als einfache Thermometer für die Messung. Sie zeigen, daß genaues Zählen manchmal mehr Theorie voraussetzt als das Messen. Unter anderem setzt ein Luftpartikelzähler voraus, daß die Staubteilchen qualitativ als gleichartig betrachtet werden können.

Ein weiteres wichtiges Spezifikum der Ökonomie ist, daß sie neben der großen Fülle auch die beachtliche qualitative Veränderung der zu produzierenden Erzeugnisse bewältigen muß. Unsere Wirtschaftspolitik orientiert auf eine hohe Erneuerungsrate der Erzeugnisse, und zwar durchschnittlich mindestens 30% bei der Industrieproduktion. Mikroelektronische Geräte wie Computer usw. haben international eine Generationsdauer von etwa 2 Jahren. Hinzu kommt, daß sich die Erzeugnisanzahl etwa alle 7 Jahre verdoppelt.[54] Die daraus entstehenden Schwierigkeiten des Zählens und Messens in der Ökonomie wird der Physiker sicher verstehen. Unter anderem ändern sich die Bedingungen in der ökonomischen Realität so stark, daß selbst eine Volkszählung nur einmal zum Stichpunkt durchgeführt werden kann. Demgegenüber kann der Physiker unter reproduzierbaren bzw. gleichbleibenden Versuchsbedingungen mehrere Einzelmessungen durchführen, eine hohe Genauigkeit erreichen und den Meßfehler ermitteln. In diesem Sinne kann der Ökonom den Meßfehler einer Einzelmessung oft nicht angeben. Dennoch kann er vom Physiker lernen, wie bei relativ geringeren Problemgrößen die Exaktheit des Zählens und Messens erhöht werden kann und welche methodologischen Prinzipien dabei zu beherzigen sind. Beispielsweise könnte die Genauigkeit von Zahlenangaben in der wirtschaftswissenschaftlichen

Literatur dadurch verbessert werden, daß die Methodik des Zählens und Messens ähnlich wie in der Physik deutlicher und nachvollziehbar dokumentiert wird, d.h. daß genauer angegeben wird, wie die ermittelten Zahlen zustande gekommen sind, welche Faktoren dabei berücksichtigt wurden usw.

Weitere methodologische Berührungen gibt es auch in einigen Begriffen und Prinzipien von Physik und Ökonomie. Die Physik kennt das Prinzip der kleinsten Zeit von FERMAT, in der Wirtschaft spielt die Ökonomie der Zeit eine zentrale Rolle. Derartige begriffliche Korrespondenzen verdienen eine tiefere Untersuchung als heuristische Anregung für die ökonomische Theorienbildung.

Bei alledem kann die Ökonomie ihr Aussagegefüge nicht auf zähl-, meß- und berechenbare Sachverhalte beschränken. MUSIL's feinsinnige Bemerkungen treffen auch die Ökonomie: „Nun haben aber noch dazu ein Pferd und ein Boxmeister vor einem großen Geist voraus, daß sich ihre Leistung und Bedeutung einwandfrei messen läßt und der Beste unter ihnen auch wirklich als der Beste erkannt wird ... Denn jedes Abwägen, jedes In-Rechnung-Stellen und Bemessen setzt auch voraus, daß sich der zu ermessende Gegenstand nicht während der Überlegung ändert".[55] In der ökonomischen Realität üben sogenannte Imponderabilien wesentliche Einflüsse aus. Man braucht nicht mit HERMANN HESSES Schärfe zu sagen: „Der Naturwissenschaftler weiß ja meistens wenig, er weiß unter anderem nicht, daß es gerade für die flüchtigen, beweglichen Werte, die er imponderabel nennt, außerhalb der Naturwissenschaft alte, hochkultivierte Meß- und Ausdrucksmethoden gibt."[56] Es reicht, eines Satzes von EINSTEIN eingedenk sein, den er an MAX VON LAUE schrieb: „Es gibt die erstaunliche Möglichkeit, daß man einen Gegenstand mathematisch beherrschen kann, ohne den Witz der Sache wirklich erfaßt zu haben."[57] Bei allen Berührungen mit der Physik hat die Gesellschaftswissenschaft ihre spezifische Sache wirklich zu erfassen. Die Ökonomie treibt ihre Quantifizierung voran; sie kann dabei imponderable Faktoren nicht aus der Betrachtung verbannen. Sie kann diesen Teil der Realität auch nicht durch Zahlen in jenem Sinne substituieren, den SAINT-EXUPÉRY poetisch ausgedrückt hat: „Die großen Leute haben eine Vorliebe für Zahlen. Wenn ihr ihnen von einem neuen Freund erzählt, befragen sie euch nie über das Wesentliche. Sie fragen euch nie: Wie ist der Klang seiner Stimme? Welche Spiele liebt er am meisten? Sammelt er Schmetterlinge? Sie fragen euch: Wie alt ist er? Wieviel wiegt er? Wieviel Brüder hat er? Wieviel verdient sein Vater? Dann erst glauben sie, ihn zu kennen".[58]

Für das weitere Wirtschaftswachstum in unserer Republik ist die Vertiefung der Wechselbeziehungen zwischen den verschiedensten Wissenschaften unumgänglich. Wir benötigen dieses Wachstum für die Befriedigung wachsender und reichhaltiger werdender Bedürfnisse, für den weiteren Ausbau unserer materiell-technischen Basis in Wirtschaft, Wissenschaft und anderen Bereichen unserer Gesellschaft, für die Verbesserung der Arbeitsbedingungen und die Verkürzung der Arbeitszeit, sowie für die Sicherung der Aufgaben der Landesverteidigung angesichts zunehmender Konfrontationspolitik des USA-Imperialismus. Die Verbindungen zwischen Physik und Ökonomie entwickeln sich dabei sowohl direkt als auch indirekt vermittelt über die Mathematik, die technischen und andere Wissenschaften wie z.B. die Philosophie. Gleichermaßen sind die Beziehungen zwischen diesen Wissenschaften und der Ökonomie weiterzuentwickeln und zu vertiefen, um den Beitrag der verschiedensten Wissenschaftsdisziplinen für die Produktivkraftentwicklung in der sozialistischen Wirtschaft voll zu erschließen. Dabei kommt Naturwissenschaften wie der Physik, Chemie und Biologie eine große Rolle zu.

So wie der Physiker bei der weiteren Gestaltung der entwickelten sozialistischen Gesellschaft Verantwortung trägt für die revolutionären Umwälzungen der Produktivkräfte und für wichtige Seiten moderner Schlüsseltechnologien, so trägt der Ökonom Verantwortung für das beste Verhältnis zwischen Aufwand und Ertrag, für die exakte Bestimmung des gesellschaftlichen Nutzeffektes bei der ökonomischen Verwertung von Wissenschaft und Technik.

Literatur

1 MARX, K.: Ökonomisch-philosophische Manuskripte aus dem Jahre 1844. In: MEW, Ergänzungsband, 1. Teil, S. 543.

2 MARX, K.: Grundrisse der Kritik der politischen Ökonomie, Dietz Verlag Berlin, 1974, S. 591.

3 MARX, K.: Grundrisse ..., l.c., S. 588.

4 Vgl. Bericht des Zentralkomitees der Sozialistischen Einheitspartei Deutschlands an den X. Parteitag der SED. Berichterstatter: Genosse ERICH HONECKER, Dietz Verlag Berlin, 1981, S. 49ff.

5 10. Tagung des ZK der SED. Zur Vorbereitung des XI. Parteitages der SED. Aus der Rede des Genossen ERICH HONECKER, Dietz-Verlag Berlin, 1985, S. 31.

6 Direktive des X. Parteitages der SED zum Fünfjahrplan für die Entwicklung der Volkswirtschaft der DDR in den Jahren 1981 bis 1985, Dietz-Verlag Berlin, 1981, S. 20—22.

7 LAUE, M. v.: Geschichte der Physik. Athenäum-Verlag, Bonn 1950.

8 Vgl.: BERNAL, J. D.: Die Wissenschaft in der Geschichte, VEB Deutscher Verlag der Wissenschaften, Berlin 1967.

9 Vgl.: LAUE, M. v.: Mein physikalischer Werdegang, in: LAUE, M. v.: Gesammelte Schriften und Vorträge, Bd. III, Vieweg & Sohn, Braunschweig 1961; HERNECK, F.: MAX VON LAUE, Teubner-Verlagsgesellschaft, Leipzig 1979.

10 LAUE, M. v.: Geschichte der Physik, Athenäum-Verlag, Bonn 1950, S. 14, 15.

11 Zitiert nach: HERNECK, F.: l.c., S. 30; vgl. dazu auch: LAUE, M. v.: Mein physikalischer Werdegang, l.c., S. XXIV. Hier betont LAUE die auslösende Rolle der Raumgitterhypothese.

12 BERNAL, J. D.: l.c.; S. 475.

13 Zitiert nach: HERNECK, F.: MAX VON LAUE, l.c., S. 36/37.

14 BRAGG, W. L.: The Diffraction of Röntgen Rays by Crystals, in: Beiträge zur Physik und Chemie des 20. Jahrhunderts. LISE MEITNER, OTTO HAHN, MAX VON LAUE zum 80. Geburtstag. Hrsg. v. FRISCH, O. R.; PANETH, F. A., Vieweg und Sohn, Braunschweig 1959, S. 147; „His discovery ... is one of those great events in the history of science which occur from time to time, which open up hitherto unknown regions for exploration."

15 MARX, K.: Das Kapital, MEW, Bd. 23, Dietz-Verlag Berlin, 1975, S. 194/195.

16 Vgl.: LAVES, F.: Kristallstruktur und Kristallchemie von Elementen und metallischen Verbindungen, in: Beiträge ..., l.c., S. 152.

17 BRAGG, W. L.: l.c., S. 150, 151.

18 Hoppe, W.: Organische Moleküle und Röntgenstrahlen, in: Beiträge ..., l.c., S. 233.

19 Nach Informationen von H. Rabold, Vizepräsident des Staatlichen Amtes für Atomsicherheit und Strahlenschutz der DDR.

20 Vgl.: Lein, E.: Mit Röntgenstrahlen zu kleineren Bauelementen, in: Neues Deutschland vom 13./14. 4. 1985, S. 12.

21 Vgl.: Engels, F., Nowak, A.: Auf der Spur der Elemente, VEB Dt. Verlag für Grundstoffindustrie, S. 157, 204.

22 Vgl.: Konstruierte Moleküle. Computergraphik in der Chemie, in: CHIP, 9/1984, S. 38 bis 42.

23 Laue, M. v.: L.c., S. 20.

24 Unterredungen und mathematische Demonstrationen über zwei neue Wissenszweige, die Mechanik und die Fallgesetze betreffend, von Galileo Galilei, Deutsche Übersetzung von Arthur von Oettingen, 4. Auflage, Leipzig 1917, S. 3.

25 Engels, F.: Dialektik der Natur, in: K. Marx, F. Engels, Werke, Bd. 20, Dietz-Verlag Berlin, 1978, S. 456f.

26 Rompe, R.: Grundlagenforschung und Technik, in: Grundlagenforschung und Technik, Sitzungsberichte der Deutschen Akademie der Wissenschaften zu Berlin, Klasse für Mathematik, Physik und Technik 1967 Nr. 1, Akademie-Verlag Berlin, 1967, S. 35.

27 Marx, K.: Grundrisse ..., l.c., S. 312.

28 Statistisches Jahrbuch der DDR 1984, Staatsverlag der DDR, Berlin 1984, S. 261, 123.

29 Hertz, G.: Über mein Leben und meine wissenschaftliche Arbeit. Niederschrift seiner gefilmten Äußerungen, angefertigt vom Zentralinstitut für sozialistische Wirtschaftsführung beim ZK der SED, Berlin 1985, Bearbeiter: Rainer Schwarz, Quelle: Film beim Fernsehen der DDR.

30 10. Tagung des ZK der SED, l.c., S. 32.

31 Vgl.: Bernal, J. D.: l.c.

32 Vgl.: Koziolek, H.: Grundlagenforschung und Ökonomie, in: Grundlagenforschung und Technik, Sitzungsberichte ..., l.c., S. 23ff.

33 9. Tagung des ZK der SED. Aus dem Bericht des Politbüros an die 9. Tagung des ZK der SED, Berichterstatter: Genosse Erich Honecker, Dietz-Verlag Berlin, 1984, S. 41.

34 Vgl.: Herneck, F.: l.c., S. 32.

35 Albring, W.: Das Zusammenwirken von Grundlagenwissen und Technik, in: Grundlagenforschung und Technik, Sitzungsberichte ..., l.c., S. 12.

36 Daran waren u.a. Sommerfeld, Laue, Debye und Walter Friedrich beteiligt. Nach: Ewaldt, P. P.: Vor fünfzig Jahren, in: Beiträge ..., l.c., S. 145.

37 Vgl.: Laue, M. v.: Mein physikalischer Werdegang, l.c., S. XXII.

38 Albring, W.: l.c., S. 11.

39 Rompe, R.; Treder, H.-J.: Zählen und Messen, Akademie-Verlag Berlin, 1985, S. 40, 41, 43.

40 Marx, K.: Das Kapital, in: MEGA II/5., Dietz-Verlag Berlin, 1983, S. 12.

41 Marx, K.: Das Kapital, l.c.

42 Vgl.: Peters, E.: Vorhersagen, die aus dem Computer kommen, in: Neues Deutschland vom 16./17. 3. 1985.

43 Matthes, B., Schwarz, R.: Dialogsystem der Reproduktion DDR. 1. zur quantitativen Analyse von Reproduktionskreisläufen und für volkswirtschaftliche Vorausberechnungen, Hochschule für Ökonomie „Bruno Leuschner“, Zentralinstitut für sozialistische Wirtschaftsführung beim ZK der SED, Berlin 1983.

44 Einen Einblick in angewendete Methoden vermitteln: FISCHER, H., SCHWARZ, R.: Mathematische Methoden in der sozialistischen Wirtschaft, Dietz-Verlag Berlin, 1985.
45 Vgl.: Ökonomische Strategie der Partei — klares Konzept für weiteres Wachstum. Wirtschaftswissenschaftliche Konferenz im Karl-Marx-Jahr 1983 am 29. und 30. September in Berlin, Dietz Verlag Berlin, 1983.
46 HELMHOLTZ, H. v.: Zählen und Messen, erkenntnistheoretisch betrachtet, in: HERMANN v. HELMHOLTZ, Schriften zur Erkenntnistheorie, Herausgegeben und erläutert von PAUL HERTZ und MORITZ SCHLICK, Verlag von J. SPRINGER, Berlin 1921.
47 ROMPE, R.; TREDER, H.-J.: l.c.
48 Zitiert bei: POPPER, K.: Logika i rost naučnogo znanija, Progress, Moskva 1983, S. 503/504.
49 Nach MAURER, G. L. VON, zitiert in: HAUSTEIN, H.-D.: Mancher suchet eyn pfenning, Verlag Die Wirtschaft, Berlin 1985, S. 53.
50 Das gilt für ökonomische Angaben im Statistischen Jahrbuch der DDR. In der Wirtschaft finden weitaus mehr Maßeinheiten Verwendung.
51 Zum Beispiel bei: ROMPE, R.; TREDER, H.-J.: l.c.
52 Vgl.: OBERDORFER, G.: Das Internationale Maßsystem und die Kritik seines Aufbaus, VEB Fachbuchverlag, Leipzig 1970.
53 Nach Informationen der Grimm Labortechnik.
54 berechnet von A. TER-MANUELIANC nach: GLUŠKOV, V. M.: Vvedenije v ASU, Technika, Kiew, 1972.
55 MUSIL, R.: Der Mann ohne Eigenschaften. Bd. 1, Volk und Welt, Berlin 1975, S. 55, 647.
56 HESSE, H.: Erzählungen 2, Aufbau-Verlag Berlin-Weimar 1979, S. 198, 199.
57 Zitiert bei HAUSTEIN, H.-D.: l.c.
58 SAINT-EXUPÉRY, A.: Der kleine Prinz, Verlag Volk und Welt Berlin 1984, S. 17.

ISSN 0138—3965